有趣的分子科学

药中的分子奥秘

张国庆/著

李　进/绘

中国科学技术大学出版社

内 容 简 介

每个人可能都会和疾病不期而遇,多多少少都会接触到"药"。但是面对各式各样的药,有时不知道自己是否真的需要,或是需要哪一种。本书选取了治疗生活中一些常见病的药物,如治疗感冒、发烧、老年痴呆症等疾病的药物,通过介绍这些药物中的有效分子,帮助人们正确认识和处理它们。

图书在版编目(CIP)数据

药中的分子奥秘/张国庆著;李进绘. —合肥:中国科学技术大学出版社,2019.5
(前沿科技启蒙绘本·有趣的分子科学)
"十三五"国家重点图书出版规划项目
ISBN 978-7-312-04693-3

Ⅰ.药…　Ⅱ.①张…　②李…　Ⅲ.分子—普及读物　Ⅳ.O561-49

中国版本图书馆 CIP 数据核字(2019)第 082702 号

出版	中国科学技术大学出版社
	安徽省合肥市金寨路 96 号,230026
	http://press.ustc.edu.cn
	https://zgkxjsdxcbs.tmall.com
印刷	合肥华云印务有限责任公司
发行	中国科学技术大学出版社
经销	全国新华书店
开本	787 mm×1092 mm　1/12
印张	4
字数	35 千
版次	2019 年 5 月第 1 版
印次	2019 年 5 月第 1 次印刷
定价	40.00 元

序 一

一项创新性科技，从它产生到得到广泛应用，通常会经历三个阶段：第一个阶段，公众接触一个全新领域的时候，觉得这个东西"不靠谱"；第二个阶段，大家对于它的科学性不怀疑了，但觉得这个技术走向应用却"不成熟"；第三个阶段，这项新技术得到广泛、成熟应用后，人们又可能习以为常，觉得这不是什么"新东西"了。到此才完成了一项创新性技术发展的全过程。比如我觉得量子信息技术正处于第二阶段到第三阶段的转换过程当中。正因为这样，科技工作者需要进行大量的科普工作，推动营造一个鼓励创新的氛围。从我做过的一些科普活动来看，效果还是不错的，大众都表现出了对量子科技的浓厚兴趣。

那什么是科普呢？它是指以深入浅出、通俗易懂的方式，向大众介绍自然科学和社会科学知识的一种活动。其主要功能是通过提高公众的科学素质，使公众通过了解基本的科学知识，具有运用科学态度和方法判断及处理各种事务的能力，从而具备求真唯实的科学世界观。如果说科技创新相当于建设科技强国的"尖兵"和"突击队"，科普的作用就相当于夯实全民的科学基础。目前，我国的科普工作已经有越来越多的人参与，但是还远远不能满足大众对科学知识获取的需求。

我校微尺度物质科学国家研究中心张国庆教授撰写的这套"有趣的分子科学"原创科普绘本，针对日常生活中最常见的场景，深入浅出地为大家讲述这些场景中可能"看不见、摸不着"但却存在于我们客观世界中的分子，目的是让大家能够从一个更微观、更科学、更贴近自然的角度来理解我们可能已经熟知的事情或者物体。这也是我们所有科研人员的愿景：希望民众能够走近科学、理解科学、热爱科学。

今天，我们共同欣赏这套兼具科学性与艺术性的"有趣的分子科学"原创科普绘本。希望读者能从中汲取知识，应用于学习和生活。

潘建伟
中国科学院院士
中国科学技术大学常务副校长

序 二

随着扎克伯格给未满月的女儿读《宝宝的量子物理学》的照片在"脸书"上走红，《宝宝的量子物理学》迅速成为年轻父母的新宠。之后，其作者——美国物理学家 Chris Ferrie，也渐渐走进了人们的视线。国人感慨：什么时候我们的科学家也能为我们的娃娃写一本通俗易懂又广受国人喜爱的科学绘本呢？

今天我非常高兴地向大家推荐由中国科学技术大学年轻的海归教授张国庆撰写的这套"有趣的分子科学"科普图书。张国庆教授的研究领域是荧光软物质的设计与合成、分子材料的电子和电荷转移、单分子荧光成像的合成以及光物理。他是一位年轻有为的青年科学家，在繁忙的教学科研工作之余，运用自己丰富的科学知识和较高的科学素养，用生动、活泼、简洁、易懂的语言，为我国读者呈现了这套科学素养普及图书，在全民科普教育方面进行了有益的尝试，这无不彰显了一位科学工作者的社会责任感。

这套书用简明的文字、有趣的插图，将我们日常生活中遇到的、普遍关心的问题，用分子科学的相关知识进行了科学的阐述。如睡前为什么要喝一杯牛奶，睡前吃糖好不好，为什么要勤洗澡勤刷牙，为什么要多运动，新衣服为什么要洗后才穿，如何避免铅、汞中毒，双酚 A、荧光剂又是什么，为什么要少吃氢化植物油、少接触尼古丁、少喝勾兑饮料、少吃烧烤食品，以及什么是自由基、什么是苯并芘分子、什么是苯甲酸钠等问题，用分子科学的知识和通俗易懂的语言加以说明，使得父母和孩子在轻松愉快的亲子阅读中，掌握基本的分子科学知识，也使得父母可以将其中的科学道理运用到生活中去，为孩子健康快乐的成长保驾护航。

希望这套"有趣的分子科学"丛书能够唤起孩子们的好奇心，引导他们走进奇妙的化学分子世界，让孩子们从小接触科学、热爱科学，成为他们探索未知科学世界的启蒙丛书。本书适合学生独立阅读，但更适合作为家长的读物，然后和孩子们一起分享！

杨金龙

教授、博士生导师

中国科学技术大学副校长

前　言

我们的世界是由分子组成的，从构成我们身体的水分子、脂肪、蛋白质，到赋予植物绿色的叶绿素，到让花儿充满诱人香气的吲哚，到保护龙虾、螃蟹的甲壳素，到我们呼吸的氧气分子，以及为我们生活带来革命性便捷的塑料。对于非专业人士来说，这个听起来这么熟悉的名词——"分子"到底是个什么东西呢？我们怎么知道分子有什么用，或者有什么危害呢？

大多数分子很小，尺寸只有不到 0.000000001 米，也就是不足 1 纳米。当分子的量很少时，我们也许无法直接通过感官系统来感觉到它们的存在，但是它们所起到的功能或者破坏力也可能会很明显。人们发烧时，主要是因为体内存在很少量的炎症分子，此时如果服用退烧药，退烧药分子就可以进入血液和这些炎症分子粘在一起，使炎症分子无法发挥功效，从而使人退烧。很多昆虫虽然不会说话，但它们可以通过释放含量极低的"信息素"分子互相进行沟通。而有时候含量很低的分子，例如烧烤食物中含有的苯并芘分子，食用少量就可能会导致癌细胞的产生。所以分子不需要很多量的时候也能发挥宏观功效。总而言之，分子虽小，功能可不小，它们关系到人们的生老病死，并且构成了我们吃、穿、住、用、行的基础。

不同于其他科普书，这套"有趣的分子科学"丛书采用了文字和艺术绘画相结合的手法，巧妙地把科学和艺术融会贯通，在学到分子知识的同时，也能欣赏到艺术价值很高的手绘作品，使得这套丛书有更高的收藏价值。绘画作品均由青年画家李进完成。大家看完书后，不要将其束之高阁，不妨从中选取几张喜欢的绘画作品装裱起来，这不但是艺术品，更是蕴含着温故知新的科学！

本套书在编写过程中得到了很多人的帮助，特别是陈晓锋、王晓、黄林坤、胡衍、王涛、赵学成、韩娟、廖凡、裴斌、陈彪、黄文环、侯智耀、陈慧娟、林振达、苏浩等在前期资料收集和后期校对工作中都付出了辛勤的劳动，在此一并表示感谢。

想学习更多科普知识，扫描封底二维码，关注"科学猫科普"微信公众号，或加入"有趣的分子科学"QQ 群（号码 :654158749）参与讨论。

目 录

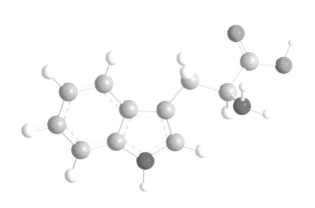
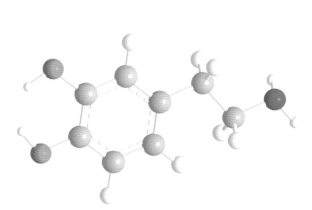
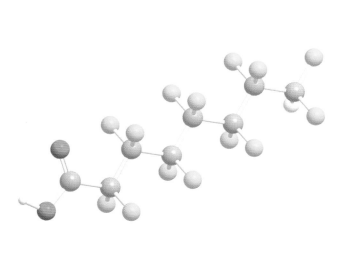
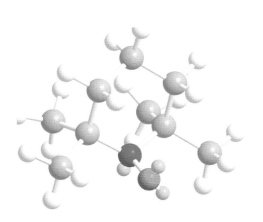

青霉素

细菌感染引起炎症怎么办？

图说 ▶

他如雕塑一般静坐着，敌不过咄咄逼人的岁月，年老体虚、免疫力下降，三番五次的细菌感染让他憔悴不堪。让我们认识一下细菌的天敌——抗生素。

青霉素是最早发现的抗生素，距今已经90多年。由于其抗菌作用强大，且价格低廉，目前青霉素类抗生素依然是治疗很多细菌感染引起的疾病的首选药物。

在早期，人们并不知道疾病与细菌之间的关系，直到19世纪末期，科学家们才逐步认识到很多疾病是由细菌感染引起的，从而建立"疾病的细菌学理论"。科学家们从20世纪初就开始寻找能有效杀死细菌的药物，直到20世纪30年代，才发现很多细菌都会分泌一些对自己无害但能杀死其他细菌的分子，这就是抗生素。

1928年8月，英国科学家亚历山大·弗莱明在研究霉菌时发现，青霉菌在生长时释放出的一种物质可以杀死葡萄球菌，弗莱明把这种物质称为盘尼西林，即青霉素。在青霉素发现以前，战争中大部分士兵死于伤口细菌感染，而第二次世界大战中青霉素拯救了无数士兵的生命，所以青霉素和雷达、原子弹并称为第二次世界大战期间的三大发明。

青霉素分子结构示意图

青霉素的作用机理主要是抑制细菌细胞壁的合成，使细菌在渗透压作用下细胞破裂而死。

小·贴士

虽然只有千分之三的人会对青霉素过敏，但是过敏反应一旦发生则后果非常严重，因此，使用青霉素等抗生素之前一定要做过敏反应测试。

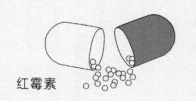

红霉素

得了红眼病怎么办？

图说▶

头顶蓝天白云，远处群山绵延，站在这样的旷野中，顿感自然之伟大、人之渺小。情感涌动之时，难免会泪眼朦胧。人在流泪后眼睛往往会干涩，用手擦拭的时候，一定要谨防细菌感染。

除了青霉素之外，抗生素还有很多种类，红霉素就是其中之一。红霉素是一种大环内酯类抗生素，具有非常强大的抗菌作用，常见的剂型如红霉素眼膏，被广泛用于红眼病等疾病的治疗。

我们俗称的"红眼病"主要是由细菌或病毒感染引起的眼结膜充血。引起该病的常见细菌有流行性感冒杆菌、葡萄球菌、肺炎双球菌等，具有很强的传染性，可以引发地区性或更大范围内的流行。若是接触了红眼病患者的眼部分泌物，或与正患有红眼病的人握手后揉自己的眼睛、共用毛巾等，都很容易被传染，而且该病若不彻底治疗就会不断复发。

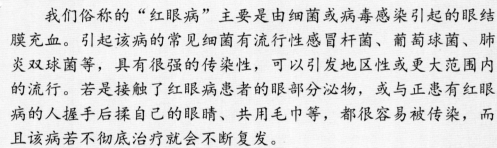

红霉素分子结构示意图

1949年，菲律宾和美国的科学家共同在土壤样品中发现了红霉素链霉菌，它可以对其他细菌产生抑制作用。红霉素表现出与青霉素类似的广谱抗菌作用，也就是说，它们能对抗多种细菌，如球菌和杆菌。

与青霉素不同的是，红霉素并不会立即将细菌杀死，它可以穿透细菌的细胞膜，抑制细菌蛋白质的合成。生物体的几乎所有生理功能都要通过蛋白质分子实现，细菌的蛋白质合成被抑制后，细菌就只能"坐以待毙"了。

小·贴士

红霉素可透过胎盘屏障和进入母乳，因而可用于治疗新生儿的细菌感染，但是孕妇和哺乳期女性应在医生指导下使用。

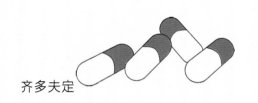

齐多夫定

艾滋病可以被治愈吗?

图说▶

"能跟我握个手吗?""能陪我说会话吗?""能陪我一起吃顿饭吗?"看似简单的小事,对艾滋病患者来说却不太容易实现。其实,他们跟正常人一样也需要关怀,渴望得到尊重和认可。请让我们一起敞开心扉,用爱去温暖他们吧!

"艾滋"是"获得性免疫缺陷综合征"英文简称的音译。艾滋病毒能够破坏免疫细胞,使人体免疫力大大下降,因而失去了对其他几乎所有疾病的抵抗力。

齐多夫定是世界上第一例获得批准用于治疗艾滋病的药物。1964年美国科学家首次合成了齐多夫定,原本希望能将其研发成抗癌药物,却意外发现了它对艾滋病病毒的抑制作用。

齐多夫定与生物体遗传物质中广泛存在的胸腺嘧啶分子结构类似,会被艾滋病病毒误当作胸腺嘧啶使用而使自身"中毒",从而无法自我复制,但人体细胞却很少犯这种错误,因而齐多夫定对人体危害较小。一般来说,优良的药物要在能够高效灭菌、抗病毒的同时,也要对人体细胞伤害较小,即药物副作用较小。

齐多夫定分子结构示意图

小贴士

近年来,艾滋病病毒对齐多夫定的耐药性不断增加,但是在各种联合疗法中,齐多夫定仍然是一种重要的药物。

伪麻黄碱

感冒真的"无药可救"吗？

图说▶

冬天，刺骨的寒风总能轻易地钻入衣领，穿透衣服。骤降的温度下，感冒不期而至。喉咙哑了，喷嚏不断，鼻涕也越来越多了。浑身无力地坐在床上，被子裹了一层又一层，却感受不到丝毫温暖。这场与感冒的斗争怎样才能取胜呢？

一般来说，感冒是"无药可救"的，这是因为感冒多由病毒感染引起，而病毒的变异性极强，每个季节都不一样，因此即使研制出抗病毒药物，研发速度也远远赶不上病毒的变异速度。我们所经历的感冒症状，如鼻塞、流涕、打喷嚏、流眼泪等，是身体的免疫系统探测到感冒病毒的存在而发出的预警信号。

伪麻黄碱分子结构示意图

伪麻黄碱最主要的功效是使肿胀的鼻腔黏膜收缩，从而缓解感冒症状，因而它是最常用的复方感冒药的有效成分之一。

早在两千多年前，我国的《神农本草经》即有麻黄可治疗感冒的记载，汉代名医张仲景在《伤寒杂病论》中也记载麻黄汤可用于治疗伤寒。其实这两个记载中的有效成分就是伪麻黄碱。

小贴士

伪麻黄碱还有个"近亲"——麻黄碱，它与伪麻黄碱功效类似，但同时也会导致全身血管收缩，心跳加快，血压升高，还易导致精神兴奋、失眠、不安等，因此少用于治疗感冒。运动员在比赛期间禁止服用麻黄碱和伪麻黄碱。

吲哚美辛

肩周炎的疼痛可以缓解吗？

炎症是身体对病原体损伤的细胞或分泌的刺激性物质做出的复杂的防御反应，它的主要功能是清除和修复体内损伤的细胞和组织。炎症一般有比较明显的症状，如发热、疼痛、肿胀、发红以及失去组织功能等。

吲哚美辛分子结构示意图

吲哚美辛是一种非激素类的抗炎症药物分子，具有消炎、止痛和解热的功效，临床上可用于治疗肩周炎。它的作用机制是抑制身体中参与炎症反应的多种酶分子的活性，从而起到抗炎作用。

肩周炎也是炎症的一种，主要是由长期劳累导致的肩关节损伤引发的炎症，吲哚美辛可用于缓解其症状。

吲哚美辛是由美国弗吉尼亚大学的华裔科学家沈宗瀛先生首先合成的，于1965年由美国食品和药品监督局批准上市。

小贴士

虽然吲哚美辛具有较好的抗炎作用，但会对胃和肠道产生一定的伤害，造成胃痛、恶心等不良反应，因此我们应在医生的指导下服用。

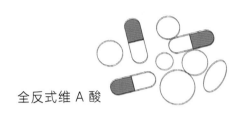

全反式维 A 酸

得了白血病该怎么办？

图说▶

花开的季节，群英缤纷，而白血病患者却是一支被季节遗忘的花朵。小小的她从来不知道白血病是什么，化疗又是什么，直到那天她到了医院。对未来的渴望，让她慢慢地学会了坚强。

白血病又称血癌，是由于人体造血机能发生障碍、白细胞数目大量增加并入侵全身各组织而致的一种恶性肿瘤，在临床上表现为贫血、发热、眩晕、淋巴结肿大等症状。作为癌症的一种，白血病的治疗非常困难，常用的治疗手段有两个：一是化疗，即用化学药物杀死白血病细胞；二是诱导分化，即通过药物作用将恶性的白血病癌细胞转变为良性细胞。癌细胞有一个可怕的属性，那就是它们可以无限制地自我复制，很快会长成我们熟知的"肿瘤"；而一旦被药物诱导分化成为正常体细胞后，这种无限制的"疯涨"就会停止，最终成为可以控制的疾病。

全反式维 A 酸分子结构示意图

全反式维 A 酸，是维生素 A 在体内的代谢物之一，对急性早幼粒细胞白血病（简称 M3 型白血病）有较好的治疗作用。20 世纪 80 年代，我国科学家王振义在进行动物实验时，观察到"急性早幼粒细胞"在全反式维 A 酸的作用下顺利分化成了正常细胞。1985 年，他完成了国际上首例全反式维 A 酸治疗 M3 型白血病的尝试并取得成功。后来，联合疗法在我国诞生，采用全反式维 A 酸和三氧化二砷（俗称砒霜，有剧毒，但剂量较小时可治疗一些疾病）对 M3 型白血病进行联合治疗，治愈率高达 90% 以上，得到了全世界的认可。目前全反式维 A 酸已成为治疗 M3 型白血病的一线用药。

小·贴士

全反式维 A 酸是我国在开发血液肿瘤药物领域发现的唯一被世界公认的药物，它不仅可以治愈 M3 型白血病，对一些皮肤类疾病如痤疮、银屑病和黄褐斑等也有一定疗效。

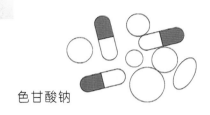

色甘酸钠

如何降低哮喘发作的频率？

图说 ▶

伴随着尚未散尽的粉尘，工人们搬运、切割着石块。一天下来，他们仿佛是在石灰坑里洗过澡，浑身白霜。机器与石头的碰撞声中不时夹杂着哮喘患者的咳嗽声，令人揪心。

哮喘是一种常见的慢性呼吸道炎症疾病，可伴有支气管痉挛，病情复杂多变，易反复发作。哮喘的常见症状有喘息剧烈、咳嗽、胸闷和呼吸困难等。引发哮喘的因素有很多，遗传和环境因素都有，其中起着关键作用的是一种叫"肥大细胞"的血液细胞。肥大细胞中含有强大的炎性介质，释放后会吸引炎症细胞，产生导致过敏的化学分子，引发呼吸道炎症和支气管收缩。

色甘酸钠分子结构示意图

色甘酸钠是用于速发性过敏反应的药物，它能稳定肥大细胞的细胞膜，防止炎性介质释放，因而也能用于预防过敏性哮喘的发作。

色甘酸钠的发现过程充满了戏剧性。20世纪50年代，英国科学家阿尔托扬尝试以一种叫"阿密芹"的草药来治疗哮喘。他以自己为实验体，主动诱导哮喘上千次，不断分离、提取阿密芹中的各种成分在自己身上进行尝试，终于在1963年发现了一个可以100%治愈他的哮喘的提取物。但当他满怀希望地把这个物送给其他哮喘病人使用时，竟然发现他们的病情没有得到丝毫缓解。更奇怪的是，阿尔托扬自己又试了一次这个提取物，发现也完全无效。经过仔细研究，他发现自己最初服用的提取物中含有杂质，而后来给其他哮喘病人使用的药物更纯，而这个杂质正是色甘酸钠，它才是治疗哮喘的关键因素。

后来，色甘酸钠成为第一种专门治疗哮喘的药物，直至今天还在临床上使用，而这一切都要感谢甘于为科学献身、拿自己做实验的阿尔托扬。

小贴士

哮喘很容易复发，所以在采用药物治疗哮喘的过程中一定要谨遵医嘱，千万不可随意停药。

氟西汀

如何走出抑郁症？

图说 ▶

不知道从什么时候开始，她习惯沉浸在自己的世界里，羡慕窗外一起玩耍的小伙伴，却又难以融入他们。从闷闷不乐到悲观厌世，抑郁症困扰着多少人？

抑郁症又称抑郁障碍，是一种以心情低落抑郁为主要特征的情感障碍类疾病。抑郁症患者往往情绪消沉，思维迟缓，自卑抑郁，甚至悲观厌世，常有自杀的倾向或行为，部分患者有明显的焦虑和运动性激越，严重的患者还可能出现幻觉、妄想等精神病性症状。

5-羟色胺又名血清素，广泛存在于哺乳动物的大脑皮层和神经突触中。它是一种能产生愉悦情绪的信使，几乎影响到大脑活动的每一个方面，如调节情绪、精力、记忆力，塑造人生观、世界观等。从20世纪60年代后期起，人们普遍认为增加人体内信号分子5-羟色胺的水平是治疗抑郁症的关键。

氟西汀是一种抗抑郁药物，可以通过提高人体内5-羟色胺的浓度使人产生愉悦感、减轻忧郁感。氟西汀来源于一种叫"苯海拉明"的抗过敏药物，它的发现经历了很漫长的过程，凝结了多位科学家的心血。

苯海拉明分子结构示意图

苯海拉明于1946年在美国被批准销售，用来治疗过敏和鼻塞。1960年，科学家研究发现它可以提高人体内5-羟色胺的浓度，使人的情绪向积极的方向发展。这个发现向世人展示了具有苯海拉明类似结构的药物用于治疗抑郁症的可能性，具有重要意义。

为了寻找更高效的抗抑郁药，从1970年开始，科学家们对苯海拉明的结构进行了大量改造，最终得到了氟西汀。该药于1986年在比利时首次获得批准销售，用于抑郁症的治疗。

小•贴士

新药的研发很少是一帆风顺的，往往需要无数人的努力，经历无数次失败，才能得到一种有效的药物，然后再用各种手段对它进行完善，在提高其疗效的同时尽可能降低其毒副作用，才能最终通过重重审查，用于临床治疗。

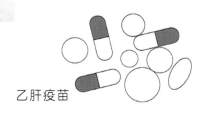

乙肝疫苗

乙肝疫苗背后有什么秘密？

图说 ▶

有些谣言说乙肝是会传染的，导致很多人盲目地远离乙肝患者，这给乙肝患者的社交带来很大障碍。事实上正常地和乙肝患者共餐、接触，是不会被传染的。

疫苗一般来说是经化学或者热处理的病原体，将其注射到人体后虽然还保持之前的"形状"，但是已经失去了致病功能。所以在不致病的情况下，人体可以通过免疫细胞识别病原体的形状来"未雨绸缪"——如果下次真正的病原体入侵，免疫细胞可以在第一时间将其捕获并杀灭。乙型肝炎（乙肝）疫苗是已经失去活性的乙肝病毒，其发现是个艰难而漫长的过程。20 世纪 70 年代，一位美国科学家把乙肝患者的血清稀释后以一定温度加热一段时间，结果发现乙肝病毒被灭活了，但表面抗原的活性却依然存在——这可以称为最初的乙肝疫苗。之后实验证实了疫苗可以让接种者获得对乙肝病毒的免疫力。这是人类第一次获得乙肝疫苗。

20 世纪 70 年代末期，另一位美国科学家从乙肝患者血液中分离纯化出了安全的乙肝疫苗，并最终证明疫苗是安全有效的，得到了美国食品药品监督局（FDA）的认可。1981 年，人类历史上第一种商业化的乙肝疫苗取得上市批准。但是，有限的来源和高昂的价格，使其难以普及。

转基因技术为疫苗生产带来了转机，人类设法分离出了乙肝病毒表达抗原的基因，并将其转移到了酵母菌中，使得酵母菌可以合成乙肝抗原。酵母菌很容易大量繁殖并表达该基因，使得疫苗的大规模生产成为可能。1986 年，转基因酵母乙肝疫苗获得FDA的上市批准。

灭活的乙肝病毒外表携带有抗原，可以刺激人体免疫系统产生抗体，一旦乙肝病毒侵入人体，抗体会及时将其清除，从而使人体具有对乙肝的免疫力，以达到预防乙肝的目的。世界卫生组织（WHO）推荐所有婴儿在出生后尽快（最好在 24 小时以内）接种乙型肝炎疫苗，之后继续完成全程的第 2 剂和第 3 剂疫苗接种。

小贴士

接种乙型肝炎疫苗是最好的预防乙肝措施，有效性高达 95%，但是注射疫苗产生的抗体也是有时间寿命的，根据个人体质不同，抗体保护效果会逐渐减弱，甚至消失。

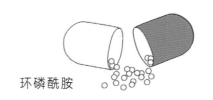

环磷酰胺

风湿病真那么可怕吗？

冰凉刺骨的河水，让一双曾经温润细腻的手，变得红肿粗壮，洗去的是污渍，留下的却是隐痛。

环磷酰胺是一种免疫抑制剂，可以用于治疗各种自身免疫性疾病。人体内存在着一套免疫系统，包括白细胞和 T 细胞，每当有细菌、病毒等"外敌"入侵时，免疫系统就会自动运转，消灭它们。然而，如果人体内的免疫细胞异常活化、增殖，攻击人体正常的组织器官，就会产生自身免疫性疾病，如类风湿关节炎、痛风性关节炎、系统性红斑狼疮、强直性脊柱炎等。

环磷酰胺分子结构示意图

第一次世界大战时期，德军使用了化学战，他们研究出一种能散发出类似高浓度大蒜或芥菜味道的气体，有极高的致死率，这就是芥子气。当时医生注意到，受芥子气毒害的伤员的白细胞水平严重下降，主要是淋巴细胞数下降，随后其他种类的白细胞数也开始下降，乃至消失。1935 年，化学家合成了氮芥系列物质，它们与芥子气结构相似，具有鱼腥味，毒性也很强。科学家一直思考氮芥类物质是否能抑制住白血病或淋巴癌患者体内疯长的白细胞。

1942 年，耶鲁大学的一位药理学家把达到致死剂量的一种氮芥物质用于患淋巴瘤的小鼠，惊喜地发现小鼠非但没有死亡，而且淋巴瘤也完全消失了。随后，德国的一位博士领导的团队合成并筛选了超过 1000 个氮芥异构体分子，环磷酰胺从中脱颖而出。环磷酰胺可以抑制淋巴细胞和浆细胞，同时抑制免疫细胞的增殖，因此不仅在肿瘤领域应用广泛，在风湿领域也发挥了重要作用。

小·贴士

环磷酰胺可抑制免疫细胞增殖，但长期使用也会对人体产生伤害，如骨髓抑制，体内红细胞、白细胞、血红蛋白、血小板等均会下降。同时它的抗炎作用较弱，无法消除炎症。

卡托普利

高血压能治好吗？

卡托普利分子结构示意图

卡托普利是一款降血压药，因其价格低廉、性能稳定而得到广泛使用。这款降血压药的研发过程要从巴西说起。

巴西气候湿热，境内生长有大量毒蛇，如南美蝮蛇等，这也导致经常发生人被蛇咬而中毒的事件。1933 年，一位巴西科学家在大学毕业前的实习过程中目睹了一个人被蝮蛇咬伤而不治身亡的全过程。他发现患者发生低血压休克时，老师用了很多升压药都没有把患者的血压升上去。他的老师很纳闷，为什么患者的血压升不上去呢？难道蛇毒里含有降血压的物质？这让他非常困惑和好奇。

1939 年，他发现把蛇毒的提取液注射到动物体内后，可以导致动物血管扩张、血压下降，这证明了蛇毒提取液中确实存在降低血压的未知物质。1948 年，他从蛇毒中成功提取了一个具有多肽（多个氨基酸分子连在一起的大分子）结构的特殊物质，并证实该多肽就是降血压的有效成分，随后将其取名为"缓激肽"。但是这种物质在血液里很不稳定，会被蛋白酶分解，几分钟后就会完全失效，因此没有太大的实用价值。

1965 年，他的博士生发现蛇毒本身具有增强缓激肽的作用，表明蛇毒中可能含有一种能抑制缓激肽降解的物质，并于同年将该多肽成功提取出来，命名为缓激肽增强因子(BPF)。

20 世纪 70 年代，一位美国科学家很快弄清楚了 BPF 的结构，于 1971 年合成了 BPF，称为替普罗肽。但是替普罗肽无法口服，在临床上受到很大限制。1979 年，巴西的一位教授经过改变分子的结构，研制出了可以口服的降血压药，称为卡托普利，为高血压患者带来了福音。

小·贴士

长期、大量服用卡托普利后，不良反应较为多见，如皮肤疾病，常见有皮疹。

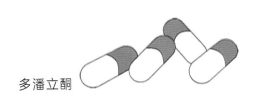

多潘立酮

如何恢复胃动力？

行走在山水之间，风景优美，心情愉悦。虽然好山好水好风光，但野外的冷餐可能会让人肠胃不适。此时，如果突然出现胃消化不良的症状，该怎么办呢？

多潘立酮是一种常见的胃肠动力药。多潘立酮片又称为吗丁啉，它的主要作用在于促进胃肠蠕动。胃动力指的是胃部肌肉的收缩蠕动力，胃动力不足也就是我们常说的"消化不良"，所以当出现肚子胀、恶心、呕吐等消化不良的症状时，不妨试试吗丁啉。

早期，药理学家发现在胃肠道上有一种分子叫"多巴胺"，它与多巴胺DA_2受体（受体就是能和特定的分子结合的蛋白质分子）结合，抑制胃肠道平滑肌蠕动，从而导致不消化和肚子胀。而一些精神类药物可以与胃肠道上的多巴胺DA_2受体结合，这样就阻断了多巴胺与该受体结合，从而避免了多巴胺对胃肠道平滑肌的抑制作用，起到促进胃肠蠕动和胃排空的作用。

1974年人工合成了多潘立酮，1979年以多潘立酮为有效成分的药品——吗丁啉上市销售。吗丁啉主要有以下作用：① 直接作用于人的胃肠壁，促进胃肠蠕动，缩短胃在餐后的排空时间。② 扩大胃与十二指肠的接口处的直径，使食物更顺利地进入肠道。③ 提高胃与食管接口处的括约肌紧张度，防止食物反流回食管中。

多潘立酮分子结构示意图

多潘立酮在爱尔兰、荷兰、意大利、南非、墨西哥、智利和中国等许多国家可作为非处方药销售，用于治疗胃食管反流和功能性消化不良，但是美国并未批准使用该药，因为美国食品药品监督管理局认为多潘立酮有严重的不良反应，包括心律失常、心脏骤停和猝死。

小·贴士

虽然胃动力药主要通过促进物理运动（胃肠道的蠕动）来达到促消化的目的，但并不建议患者把吗丁啉当做助消化药长期使用，毕竟"是药三分毒"。

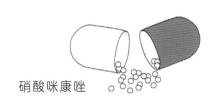

硝酸咪康唑

有脚气了怎么办？

寒风萧瑟，凉意袭人。脚下的河水也失去了往日的欢快，静静地流淌在荒凉的河床上。光脚走在浅滩的石块上，沁心透凉，原本粉白的脸庞也被寒风吹得青紫。不过，赤脚在鹅卵石上走一走真的可以治脚气吗？

硝酸咪康唑是一种抗真菌药，常用来治疗由真菌引起的皮肤或指甲感染。

人的身体表面存在大量微生物，包括细菌、病毒和真菌，它们个体十分微小，肉眼不可观察，但是和人类生活息息相关。病毒结构最简单，必须依赖于活细胞才能生存。细菌和真菌结构复杂一些，能够自己生存繁殖。这些微生物一般被人体免疫系统制约着，数量被控制着，但是当免疫下降（如劳累、受凉、压力）时它们可能伺机大量繁殖，成为病原体引起人体感染。皮肤表面不断分泌的汗水和油脂中的脂肪酸、蛋白质、盐类，都是微生物"可口的食物"。

硝酸咪康唑分子结构示意图

脚部真菌中常见的是白癣菌，它寄生在皮肤的角质层内，以角质层蛋白为营养源。真菌最喜欢潮湿闷热不透气的环境，如果脚部经常处于这样的状态，真菌会大量生长，通过分解皮肤上的油脂和汗液，产生大量的代谢产物（真菌制造的分子），这些代谢产物便是引起脚臭的最根本原因，同时还会出现脚癣的症状：长出水泡，皮肤干燥、泛白或溃烂，瘙痒等。

1969 年硝酸咪康唑由实验室合成出来，后由比利时杨森公司开发生产。硝酸咪康唑分子通过抑制真菌细胞膜上成分的合成，使真菌细胞膜变得不再完整，细胞里面的细胞器泄露出来，从而杀死真菌。

小贴士

美国食品药品监督管理局将硝酸咪康唑定为 C 级药物，即药物仅在动物实验研究时证明对胎儿致畸或致死，未在人类实验研究证实，孕妇如果用药需咨询医生。要想避免脚气发生，就要养成天天洗脚、换袜子的习惯，不给真菌繁殖提供适宜的环境。

硝酸甘油

突发心绞痛如何应对？

硝酸甘油适用于治疗或预防心绞痛，临床上用来治疗心血管疾病，已经有很长的历史了。

1847 年，意大利化学家发现用硝酸和硫酸处理甘油能得到一种黄色的油状透明液体，这种液体很容易因震动而爆炸，它就是硝酸甘油。硝酸甘油性质不稳定，后来诺贝尔通过将硝酸甘油和硝石、碳酸钙等混合，做成了稳定的炸药并申请专利，获得了巨额财富，并设立了大家所熟知的诺贝尔奖。

硝酸甘油分子结构示意图

在硝酸甘油大量生产后，生产一线的工人经常会出现剧烈的头疼。英国的几位医生经过数年研究，发现工人接触并且吸入了大量含硝酸甘油的粉尘，硝酸甘油使血管扩张、血压下降，从而引起工人头疼。

1879 年，这几位医生发现将硝酸甘油稀释后可以转变成一种无爆炸性的物质，他们给一位患有心绞痛的老年病人口服下稀释的硝酸甘油，发现其心绞痛次数明显减少。虽然不知道发生了什么，但是以此来看，硝酸甘油从炸药变成了救命药。

直到 1977 年，在几位医学家的共同努力下才最终解开了这个谜：硝酸甘油分子在体内会发生化学反应，通过释放一氧化氮来舒张血管，有利于血液流动，从而起到缓解突发心脏病的作用。一氧化氮常温下为气体，具有脂溶性，很容易穿过细胞膜，从而在不同的细胞中传递信息；当人体要向肌肉发出指令促进血液流通时，就会产生一氧化氮分子，血管的肌肉细胞接收信息后开始舒张，使血管扩张。

小贴士

服用硝酸甘油片，最好放在舌头下面，等待溶化、吸收。不建议吞服，因为舌头下面有非常丰富的静脉血管，药物能迅速透过静脉血管，进入血液，发挥作用。而口服下的硝酸甘油进入胃和肝脏后，会被消化分解而失去药效。

西瓜霜

怎样才能打败咽炎？

图说▶

三尺讲台，十年如一日。无论身体是否健康，环境有多恶劣，老师永远站在那里，用尽所有力量保持铿锵的声音。他白了头发，弯曲了身体，沙哑的声音带着坚定，眼神带着希望，一如既往地传承知识。

西瓜霜是一种中药（中药一般由很多种天然、活性分子组成），在我国已经有200多年的使用历史，常用于治疗咽喉肿痛、扁桃体发炎、声音嘶哑、口腔溃疡等。西瓜霜润喉片就是以西瓜霜为主要成分的一款药物，其特点是口感温和、药性平和，对口腔黏膜及胃黏膜无强烈刺激，男女老少都容易接受。

西瓜霜是我国古代劳动人民的智慧结晶，最早见于清代名医顾世澄所著的医学巨著《疡医大全》。古时的提取方法是取新鲜西瓜切碎，将西瓜和芒硝（主要成分是十水硫酸钠）以交错层叠方式放入不带釉的瓦罐内，将口封严，悬挂于阴凉通风处。一段时间后，在瓦罐外面会析出白色结晶物，类似白霜，所以称之为西瓜霜。

这种制备方法适宜在气候凉爽且干燥的季节使用，在温度高、湿度大时难以得到结晶。由于制霜率较低，生产周期较长，受气候影响较大，因此难以大量生产，无法满足人们的需求。在1985年，桂林中药厂改进了传统的制备方法，引入现代化生产工艺和设备，成功实现了西瓜霜的规模化生产。

西瓜霜中90%的成分是芒硝，其余为一些氨基酸和铁、锰、铜等微量元素。其中芒硝能促进白细胞再生，提高人体的抗炎能力，还能增强人体内吞噬细胞的吞噬能力，对提高人体免疫力有很大的好处。但是，由于成分复杂，目前西瓜霜的准确作用机制仍不清晰，留待科学家们进一步研究。

小·贴士

西瓜霜中含有较多的芒硝，会对孕妇产生一定的刺激，所以孕妇要在医生指导下使用。西药往往由单一分子构成，比较容易研究；中药里活性分子的成分多，而且可能有协同效应，要科学地阐明作用机理非常具有挑战性，还需要更多的人投入这个领域！

左旋多巴

如何才能缓解
帕金森病症状？

图说 ▶

帕金森病的表现症状之一就是手抖，患者自主吃饭困难。当年迈的双亲无法自主吃饭，饭粒一次次洒落时，千万不要埋怨，因为在我们儿时，每次洒落饭粒，父母总会耐心地一次次地喂食。

左旋多巴分子用于治疗帕金森病已有近50年的历史，至今仍是治疗帕金森病最基本、最有效的药物，对震颤、僵直、运动迟缓等症状均有较好疗效。这里注意，左旋和右旋的分子是一对镜面对称的"双胞胎"，一般来说二者中只有一种具有治疗效果，而另一种可能无效，甚至有毒性。

左旋多巴分子结构示意图

1913年，罗氏公司的一位化学家从10千克未成熟的蚕豆中分离出左旋多巴，这位好奇大胆的化学家在家兔和自己身上进行了口服左旋多巴实验，除了恶心和呕吐，并未发现其药物作用。1938年科学家在哺乳动物体内发现了多巴脱羧酶，它能将多巴转化为多巴胺。

20世纪50年代，瑞典科学家采用一种新型的多巴胺检测技术，发现大脑中存在多巴胺，随后进行的一系列开创性工作证实，多巴胺是脑组织中重要的神经递质，它能将大脑中兴奋和激动的信息传递出来。1960年奥地利的一位神经药理学家发现帕金森病患者脑内纹状体多巴胺分子的丢失最为显著，其含量约减少90%。他意识到左旋多巴可能会起到治疗效果——左旋多巴能够进入中枢系统，经多巴脱羧酶作用转化成多巴胺，从而提高大脑内多巴胺的含量。次年，奥地利神经药理学家与老年科医生一起进行了首次左旋多巴临床研究的尝试，患者情况出现好转。随后欧洲和美国的医生进行了多次临床实验，证实了左旋多巴的有效性。1970年，罗氏公司研发的左旋多巴在美国获批上市，帕金森病的治疗进入"左旋多巴时代"。

小贴士

食用高蛋白的食物，会影响左旋多巴的治疗效果，因为蛋白质会影响左旋多巴的吸收。

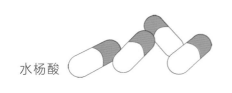

水杨酸

青春痘怎么消除？

图说▶

埋藏青涩，走入青春的大门，似乎是一夜之间；好端端的一张脸冒出几个青春痘，只好遮遮掩掩地展示一半的美丽。其实，青春痘与环境和细菌有很大关系，如果经常用手摸脸，手部的细菌就会感染脸部皮肤。

水杨酸是一种有机酸，因其可以溶解皮肤角质，而被广泛用作皮肤科的外用药。一般较低浓度的水杨酸可以祛痘和治疗各种由微生物感染引起的慢性皮肤病，比如真菌性皮肤病（癣）、手足皲裂、银屑病和慢性皮炎；高浓度的水杨酸对皮肤组织有腐蚀性和破坏性，可以用于治疗鸡眼、厚茧、寻常疣。

水杨酸分子结构示意图

水杨酸的发现和柳树密切相关。人类很早就发现了柳树的药用功能。早在4000年前，古苏美尔人就发现可以用柳树叶子治疗关节炎。古埃及最古老的医学文献《埃伯斯纸草文稿》记录了埃及人至少在公元前2000多年以前就已经知道干的柳树叶子有止痛功效。古希腊医师在公元前5世纪记录了柳树皮的药效。中国古代医著《神农本草经》上也有柳树药用功效的记载："柳之根、皮、枝、叶均可入药，有祛痰明目、清热解毒、利尿防风之效，外敷可治牙痛。"

1828年，法国药学家和意大利化学家成功地从柳树皮里分离提纯出了活性成分水杨苷，因为它有酸味，人们通常称之为水杨酸。

1997年某权威杂志中的一篇文章称，以浓度30%的水杨酸作为化学换肤剂，具有淡化色斑、缩小毛孔、去除细小皱纹等改善皮肤老化的效果。由于水杨酸具有去角质、清理毛孔的功能，使用浓度较低，安全性高，对皮肤的刺激性低，故在美容祛痘产品中被大量使用，受到了爱美人士的欢迎。

小贴士

水杨酸是皮肤外用药物，禁止在伤口和溃疡处使用，否则可能引起更严重的感染。

氨基葡萄酸

如何呵护关节健康？

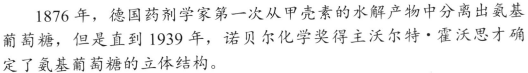

天气逐渐转凉，她依旧倚在桌子旁浅浅地想着心事，孩子默默地站在身边，轻轻地为她披上一件外衣，柔柔地说："天凉了，记得添衣。"那一刻，亲情散发出的温暖倏忽间传遍心房。

氨基葡萄糖广泛存在于动物体内，是形成软骨细胞的重要营养素，也是健康关节软骨的天然组织成分。随着年龄的增长，人体内的氨基葡萄糖的缺乏越来越严重，关节软骨不断退化和磨损，补充氨基葡萄糖可以帮助修复和维护软骨，并能刺激软骨细胞的生长。

氨基葡萄酸分子结构示意图

1876年，德国药剂学家第一次从甲壳素的水解产物中分离出氨基葡萄糖，但是直到1939年，诺贝尔化学奖得主沃尔特·霍沃思才确定了氨基葡萄糖的立体结构。

美国从19世纪就开始研究氨基葡萄糖，是最早从事其生产的国家；但直到20世纪90年代氨基葡萄糖才被广泛应用于医疗保健领域；1996年，氨基葡萄糖通过了美国药品食品监督管理局和欧洲共同体（今"欧盟"）的检定。氨基葡萄糖作为关节软骨的营养补充剂被广泛使用，是欧美医学界唯一认可的对骨关节疾病具有治疗作用的营养保健品。

氨基葡萄糖可以维持软骨的形态和功能，提高软骨细胞的修复能力，抑制可损害关节软骨的酶，并可防止损伤细胞的超氧化物自由基的产生，促进软骨基质的修复和重建，从而缓解骨关节疼痛，改善关节功能，并延缓病程的发展。氨基葡萄糖在关节软骨中更容易与水结合，有保持关节腔润滑和缓冲压力的作用。而人到中年以后，身体产生的氨基葡萄糖数量锐减，关节滑液变稀薄，从而出现软骨磨损加剧和关节疼痛。

小·贴士

氨基葡萄糖属于非处方药的食品保健品类，对早、中期骨关节炎有治疗效果，但对关节软骨严重磨损的终末期骨关节炎患者则疗效不佳。保健品大多数时候只能起到预防和缓和作用，不能代替医疗，严重时要及时到医院就诊，否则延误病情，后果不堪设想。

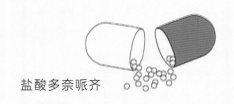

盐酸多奈哌齐

阿尔茨海默病的克星是什么？

盐酸多奈哌齐分子结构示意图

图说 ▶

母亲老了，记忆力越来越差，她忘记了很多事情，甚至忘记了回家的路，但她依旧记得树上的红领巾，记得她曾把它绑在树上告诉孩子："无论风雨，我都在你放学的路上等你。"不管什么时候，她都不会忘记爱你！

盐酸多奈哌齐是阿尔茨海默病（老年性痴呆）治疗的首选用药，它能延缓疾病发展、改善患者认知功能和精神行为症状。

1906 年，德国的爱洛斯·阿尔茨海默医生报道了一个病例，患者存在严重的记忆障碍，沟通困难、思维混乱、生活无法自理，这是对老年痴呆症的首次描述，因而该病被命名为阿尔茨海默病。

1921 年，科学家通过实验证明了大脑内神经活动是通过化学物质传递实现的；1934 年，科学家证明了乙酰胆碱是神经活动的化学递质。随着研究的深入，乙酰胆碱的生理功能越来越明晰——广泛参与骨骼肌运动、内脏活动、感觉、学习记忆与思维活动的控制和调节。后来，人们发现阿尔茨海默病患者大脑内神经元退化，导致乙酰胆碱分泌不足，是引起疾病的重要原因。围绕着如何提高患者体内乙酰胆碱的含量，全球开始寻找缓解阿尔茨海默病的方法。

1983 年，日本卫材公司开启了筛选乙酰胆碱酯酶抑制剂（乙酰胆碱酶可以水解破坏乙酰胆碱）的项目。1995 年，多奈哌齐被发现能显著改善阿尔茨海默病患者的认知。多奈哌齐通过抑制乙酰胆碱酶的水解作用，提高患者体内的乙酰胆碱含量，达到缓解阿尔茨海默病的效果。多奈哌齐是唯一一种同时被美国食品药品监督管理局和英国药品管理局批准上市的用于治疗轻度、中度及重度阿尔茨海默病的药物，已在 40 多个国家和地区上市使用。

小贴士

目前阿尔茨海默病尚无法治愈，如果能尽早开始治疗，有望使药物的疗效达到最好。

紫杉醇

癌症有克星吗？

站在希望的原野上，抬头仰望，沉浸在这青山绿水中，感叹生活的美好与神奇。在这充满希望的生活里，放飞心情、追逐梦想，癌症距离我们也许并没有想象中的那么近。

紫杉醇是目前发现的最优秀的天然抗癌药物，被认为是人类未来20年较有效的抗癌药物之一。

紫杉醇分子结构示意图

1962年，美国农业部植物学家在华盛顿州的国家森林收集植物样本，随后美国国家癌症研究中心对这些样本开展了相关的研究工作。初步的研究结果显示，紫杉树皮中的粗提取物对人口腔表皮样癌细胞有抑制作用。1966年，北卡罗来纳州三角研究园对紫杉树皮进一步分离、提纯和筛选，终于得到了一种具有很好的抗癌活性的物质，将其命名为紫杉醇。1988年，临床试验证实紫杉醇对黑色素瘤的疗效非常显著，更重要的是，它对当时人们束手无策的复发性卵巢癌的有效率达到30%！

分子药理学家发现紫杉醇分子可以阻止细胞分裂的过程（癌细胞可以无限分裂，而正常细胞不行），从而导致癌细胞凋亡。但是提取紫杉醇难度非常大，因为紫杉醇在植物体内含量极低（不超过0.004%），而且其分离、提纯都很困难。

1988年，法国科学家发现紫杉叶子中含有较多的10-DAB，其结构与紫杉醇相似，于是发明了利用10-DAB合成紫杉醇的半合成方法，这种方法的总产率超过了50%！这一方法为紫杉醇的商业化奠定了基础。1992年12月29日，美国食品药品监督管理局批准紫杉醇注射液上市，为广大癌症患者带来了福音。

小贴士

紫杉醇在水中难以溶解，所以一般会添加增溶剂来帮助其溶解，但这些增溶剂注射到体内容易引起过敏。至今科学家还在不断研究改善紫杉醇的溶解性，同时降低其毒性，以达到最好的疗效。

作者简介

张国庆 美国弗吉尼亚大学博士，曾在哈佛大学从事博士后研究，现任中国科学技术大学教授、博士生导师。曾获美国化学学会授予的"青年学者奖"，入选教育部"新世纪优秀人才支持计划"、中国科学院"卓越青年科学家"项目。迄今已发表 SCI 收录论文 50 多篇。研究方向为荧光软物质的设计与合成、分子材料的电子和电荷转移、单分子荧光成像的合成以及光物理等。除教学、科研工作外，通过开设微信公众号、建网站、做讲座等形式，积极传播科普知识。

李进 青年画家，曾执导人民网"酷玩科技"系列动画、"首届中国国际进口博览会速览"动画。学生阶段的绘画作品曾多次获奖，导演作品《启》入选新锐动画作品辑。作品曾被人民网、光明网、中国长安网等媒体报道。